D801

2001（平成13）年に廃止された苫小牧港開発。写真のD5605は国鉄DD13形類似の形態で1972年製。橙色地に緑帯という個性的なカラーリング。
1990.5　新苫小牧　P：大幡哲海

カラーで見る
私鉄のディーゼル機関車

津軽鉄道の名物となっているストーブ列車を牽引するDD352。近年は機関の不調により、代わりに気動車の津軽21形が客車を牽引する例も多い。
2019.1.25　金木　P：寺田裕一

レールバスで有名な南部縦貫鉄道（2002年廃止）に在籍した機関車群。手前よりDC251、D451、軌道モーターカー DB11。この日が営業最終日で、いつもは機関区に格納されていた機関車が屋外に引き出された。
1997.5.5　七戸　P：寺田裕一

大船渡市の盛を中心に盛業中の岩手開発鉄道。18両の石灰石貨車を56t機DD5652（2023年廃車）が牽引する。
2014.5.6　日頃市－岩手石橋　P：寺田裕一

貨物専業鉄道として現在も活躍する八戸臨海鉄道。写真のDD56 3号機にはウミネコのイラストが描かれていた（2020年廃車）。
2017.6.23　北沼　P：寺田裕一

同和鉱業小坂鉄道（1989年に小坂精錬小坂鉄道となり2009年に廃止）の機関車ほか。手前のDD13は小坂線改軌に備え1962（昭和37）年に製造されたもの。
1982.2.17　大館　P：寺田裕一

秋田臨海鉄道の営業廃止は2021年と比較的最近である。国鉄DD13タイプのDD562は車体に波模様が描かれていた。
2012.8.2　秋田港　P：寺田裕一

2007(平成19)年に廃止されたくりはら田園鉄道の旧若柳駅に現在も保存されている、栗原電鉄より継承の入換用機関車DB101。
2016.4.24　若柳　P：寺田裕一

仙台港を中心とした貨物輸送を担う仙台臨海鉄道。写真は鹿島臨海鉄道のDD13タイプ機KRD2を1983(昭和58)年に譲り受けたDD55 12の青塗装時代(2011年廃車)。
2001.4.1　仙台港　P：寺田裕一

福島臨海鉄道の25t機DB251。1969(昭和44)年製で、入換用として用いられたがDB253の入線に伴い廃車された。
1992.9　宮下　P：大幡哲海

DB251の後継機として1994(平成6)年に入線した25t機DB253。現在は福島臨海鉄道の車籍はない。
2003.10.10　東邦亜鉛　P：寺田裕一

新潟東港周辺の貨物輸送を担っていた新潟臨海鉄道（2002年廃止）。DE653はJR貨物のDE10 1104を1995（平成７）年に譲り受けた車両（一時期JRに車籍編入）で、白帯部分が黄色に塗り替えられて使用された。
2001.7.21　太郎代　P：寺田裕一

1962（昭和37）年に八幡製鉄所用として製造された35tセンターキャブ機を、1977（昭和52）年に譲り受けた福島臨海鉄道DD352。
2001.8.25　宮下　P：寺田裕一

北日本編のはじめに

鉄道が陸上交通の王者であった1960年代までは、大手、中小を問わず、全国各地の私鉄で貨物営業が行われていた。炭坑や鉱山で産する石炭、石灰石、鉱石、それに米や肥料、工業製品、木材など、あらゆる物資が鉄道で運ばれた。主要駅は旅客列車の発着線のほかに貨物用の側線を持ち、貨物列車牽引用にディーゼル機関車や電気機関車を所持していた。

しかし、道路が整備されて車社会が到来すると、貨物輸送の主役は、鉄道からトラックに変わった。因みに、日本初の高速道路の開通は1963（昭和38）年7月16日の名神高速栗東IS〜尼崎IC間で、1回目の東京オリンピックは1964（昭和39）年10月10日が開会式であった。

国鉄再建の絡みもあって国鉄の赤字が社会問題となると、貨物輸送の合理化が急速に進んだ。まず、高速輸送が要求される鮮魚や青果輸送が姿を消し、次に産地と到着駅の双方で積み替えを必要とする物資の輸送が消えていった。最後に残ったのは重量物である鉱石やセメント、比較的納期に余裕のある米や肥料、産業用の工業製品、それにコンテナなどの輸送であった。

利用客の減少に歯止めがかからず、毎年多額の赤字を出していたローカル私鉄にとっては、例え一日に数両程度の貨車輸送であっても、貨物輸送は貴重な収入源であった。国鉄の貨物営業線区が次々に縮小された後でも、貨物輸送を細々と継続していたローカル私鉄は少なくなかった。

しかし国鉄の貨物縮小がさらに進み、1984（昭和59）年2月1日改正で一般車扱貨物列車が一日約2,500本から800本に削減されると、貨物取り扱い駅は大幅に減少した。国鉄接続駅の貨物

取り扱いが廃止となった私鉄は、自らの貨物輸送を廃止せざるを得なくなった。国鉄貨物駅の減少はその後も続き、1993（平成５）年４月１日に貨物営業を行っていた非電化私鉄は、太平洋石炭販売輸送、釧路開発埠頭、苫小牧港開発、八戸臨海鉄道、岩手開発鉄道、小坂精錬小坂鉄道、秋田臨海鉄道、仙台臨海鉄道、福島臨海鉄道、鹿島鉄道、鹿島臨海鉄道、京葉臨海鉄道、神奈川臨海鉄道、衣浦臨海鉄道、名古屋臨海鉄道、樽見鉄道、西濃鉄道、神岡鉄道、水島臨海鉄道、の19社であった。電化私鉄に比べると意外に社数が多いが、貨物専業の臨海鉄道のすべてが非電化であったことが要因といえよう。

非電化の機関車ということで、ディーゼル機関車に加えて蒸気機関車を本書に加えたが、すべてが復活運転で、全車が関東・中部編となる。

これら、ディーゼル機関車と蒸気機関車を所有している私鉄は42社・43路線に上る。とりわけ観光客をメインとして冬季に運転される客車列車の牽引を行う津軽鉄道は今や特異な存在で、営業廃止に至った鉄道が多いのも北日本編の特徴といえる。

本誌では昨年2023（令和５）年発行の『私鉄電気機関車の変遷』（RMライブラリー280・281）に合わせて、1993（平成５）年４月１日在籍とそれ以降に入線したディーゼル機関車・蒸気機関車の生い立ちと、その後を紹介する。私鉄の定義は鉄道事業法に基づくものとし、専用線は除外した。また、車体は目にすることができるものの廃車となっていたもの、あるいは機械扱いなど車籍がないものについても割愛した。

2024年秋　寺田　裕一

北海道釧路市の春採（はるとり）で積み込んだ石炭を、輸出港である知人（しれと）まで輸送していた太平洋石炭販売輸送。1925（大正14）年に開業、一時は旅客輸送も行っていたが、1963（昭和38）年に旅客輸送廃止、石炭輸送も2019（令和元）年に廃止された。
2011.4.29　知人　P：寺田裕一

青色塗装が美しい、2000(平成12)年入線のD801が牽引する太平洋石炭販売輸送の石炭輸送列車。牽引する石炭車は２両一組の連接車となっていた。
2011.4.29　春採　P：寺田裕一

1.　太平洋石炭販売輸送

釧路炭鉱(旧太平洋炭鉱)の運炭鉄道で、春採で積み込んだ石炭を輸出港の知人まで輸送した。古くは釧路臨港鉄道と言い、旅客営業も行っていた。開業は1925(大正14)年２月の春採～知人間で、1937(昭和12)年１月10日に城山～東釧路～春採～知人～入船町間11.5kmが全通した。釧路川左岸に楕円を描くような線形で、石炭以外の一般貨物も輸送した。

戦時中は旅客輸送も賑わったが、戦後バスが発達すると役目を譲り、旅客輸送は1963(昭和38)年11月１日に廃止、1979(昭和54)年４月30日に太平洋石炭販売輸送に社名を変更し、1986(昭和61)年11月１日以

1964(昭和39)年日車製の太平洋石炭販売輸送D401。一見国鉄DD13風の車体だが下回りはロッド式である。
2007.6.2　春採　P：寺田裕一

1958(昭和33)年日車製の太平洋石炭販売輸送D101。国鉄DD13タイプだが、台車内の動力伝達にロッドを用いている。1999(平成11)年に廃車。
2001.5.2　春採　P：寺田裕一

降は春採～知人間4.0kmの営業となった。

太平洋炭鉱は日本で最後まで残った坑内掘炭坑で、釧路市沖の太平洋海底を採炭場所として年間約200万tを採掘していた。しかし、輸入炭との価格競争力を失い、2002(平成14)年1月30日をもって82年の歴史に幕を閉じた。

2002年4月9日からは新会社「釧路コールマイン」で採掘を再開。これは炭鉱技術の海外移転研修などを一部の鉱区を用いて行うもので、年間70万tの出炭を目指した。当初の報道より鉄道輸送は長く続いたが、2019(平成31)年3月30日をもって運行は停止し、2019(令和元)年6月30日に廃止となった。車両は再起の場所を求めて留置が続いたが、2022(令和4)年10月に解体がなされた。

○D101

1958(昭和33)年12月、日本車輛製の凸形機。北海道初の大型ディーゼル機関車で、従来の蒸気機関車に代わって活躍を開始した。

当初の機関はDMF31S(400PS)×2基搭載で、最高速度は40km/hの低速仕様。国鉄DD13形に似たスタイルだが、台車は2軸の伝達にロッドを採用している。

冬期におけるエンジン始動は困難を極めたようで、蒸機のボイラーから湯を抜いてエンジンを温め、外部電源を用いてセルモータを回したという。機関はDMF31SB(500PS)×2基搭載に変更され、40年の長きにわたって現役であったが、1999(平成11)年11月30日に廃車となった。

1964(昭和39)年日車製の太平洋石炭販売輸送D301。DD13に似ているがセミセンターキャブで、機関は500PS×1基。2003(平成15)年に廃車。
2001.5.2　春採　P：寺田裕一

1964(昭和39)年日車製の太平洋石炭販売輸送D401。D301と同時期の製造だがこちらは機関が500PS×２基で、台車はいずれもロッド式。
2011.4.30　春採　P：寺田裕一

○D301

1964(昭和39)年にD401とともに登場した。DMF31SB(500PS)×１基搭載で、D401から２基のエンジンのうちの片側を撤去したスタイル。セミセンターキャブ式は関東鉄道DD502などでも見られるが、DD13形ベースでは他に例がない。台車は前後で形式が異なる。

当線では1966(昭和41)年のセキ6000形導入後は春採～知人間でプッシュプルトレインとなっており、前後の機関車間で総括制御を行う。当機は春採方の先頭に立つことから、知人方に機関車からの指令でセキの任意の排炭扉を開閉できる自動連結器が装備されている。2003(平成15)年11月30日に廃車となった。

○D401

国鉄DD13形後期型のボディーを持つが、足回りはロッド式。1964(昭和39)年にD301とともに登場した。DMF31SB×２基搭載で、プッシュプルトレインの春採方先頭に立つ。

春採方ボンネットのファンに屋根を付けているのは、春採での石炭積込時にホッパーの下まで入るためで、上から落ちてくる石炭と洗浄液からの保護の役割をしている。

○DE601

1970(昭和45)年に登場した電気式ディーゼル機関車。日本車輌が海外進出の足掛かりとして技術提携を

太平洋石炭販売輸送DE601が牽引する石炭輸送列車。DE601は1970(昭和45)年日車製で、米国GE社との技術提携によるアメリカDL風の外観が特徴。
2011.4.29　春採　P：寺田裕一

1978（昭和53）年日車製の太平洋石炭販売輸送D701。車体に“since1977”の文字が入る。
2011.4.30　春採　P：寺田裕一

したアメリカGEの技術による機関車。GEでの形式はU10Bといい、製造銘板は英語表記になっている。

片側運転台式で、エンジン側の背が高く、アメリカンロコのスタイルを持つ。エンジンはキャタピラー製D-398B（1,050PS）×1基。プッシュプルトレインの知人方先頭に立つことから、知人方には電気連結器の装備はない。車体色は当初オレンジ色であったが、2000年3月にブルー＋白帯に変更された。

○D701

1978（昭和53）年日本車輌製の55t機。D401と同じくDMF31SBを2基搭載する。1966年日本車輌製の25tのL型機であったD501の後継機として登場して、春採の入換やホキ300形の牽引機として活躍した。

○D801

雄別鉄道YD1301をルーツとする55t凸型機で1966（昭和41）年日本車輌製。雄別鉄道では埠頭線と鶴野線で使用された。雄別鉄道が雄別炭礦に吸収合併後、1970（昭和45）年4月16日に廃止されると、釧路開発埠頭（次頁参照）に引き継がれてKD1301となった。同社が1999（平成11）年9月に廃止されると釧路川対岸の当線に引き取られ、2000（平成12）年3月15日にD801となった。

DE601と同じく知人方先頭に立ってプッシュプルトレインを牽引した。そのため春採方電気連結器を取り付けた。また洗浄液から保護のためボンネットのファンに屋根を取り付け、キャブに庇を設けた。塗色も青をベースとし、釧路開発埠頭時代からは随分印象は異なった。

太平洋石炭販売輸送D801。1966（昭和41）年に雄別鉄道YD1301として日車で新製、釧路開発埠頭KD1301（次頁参照）を経て2000（平成12）年に入線した。
2007.6.2　春採　P：寺田裕一

1966(昭和41)年日車製の雄別鉄道YD1301を引き継いだ釧路開発埠頭KD1301。前頁の太平洋石炭販売輸送D801の前身の姿である。
1988.5　新富士　P：大幡哲海

2．釧路開発埠頭

1960(昭和35)年11月に釧路港の港湾施設運営のために設立された。1962年に浜釧路貨物駅から分岐する釧路中央埠頭臨港線の入換業務を開始したのが鉄道事業の始まりであった。1970年4月16日からは新富士～雄別埠頭(北埠頭に改称)間の旧雄別鉄道埠頭線を譲り受けて地方鉄道の仲間入りをした。

1977(昭和52)年12月1日に新富士～西港間1.7kmが開業し、釧路開発埠頭の営業距離は3.8kmとなった。1980年度の輸送量は72万tで、一日当たりタキ車で100両以上の発送を行っていた。その後、石油は自動車輸送が主体となり、1984年2月1日に北埠頭線を廃止。1986年6月には中央埠頭臨港線の入換業務が廃止となり、以降は西埠頭線のみの営業となった。

1998年度の輸送量は3.5万tにまで落ち込み、1999(平成11)年6月末をもって石油元請の鉄道利用が完全になくなったことから、1999年9月10日付で廃止に至った。

1969(昭和44)年日立製の夕張鉄道DD1001を1981(昭和56)年に譲り受けた、釧路開発埠頭KD1303。
1984.9.7　新富士機関区　P：服部朗宏

1974(昭和49)年日車製の釧路開発埠頭KD5002。　1984.9.7　新富士機関区　P：服部朗宏

○KD1301・1303

KD1301は1966(昭和41)年に雄別鉄道埠頭線YD1301として登場した。国鉄DD13形の後期型に準じた55t機。DMF31SB(500PS)×2基搭載で、寒冷地向けとして制輪子融雪装置を装備する。

雄別鉄道埠頭線の前身は、1946(昭和21)年2月10日に運行を開始した釧路開発埠頭倉庫の専用鉄道であった。この専用鉄道は1951年7月1日に雄別鉄道に買収されて埠頭線となり、雄別鉄道は1968(昭和43)年1月21日に鶴野新線(鶴野～新富士間)を開業させ、雄別炭山からの貨物列車は根室本線と平面交差することなく埠頭線に乗り入れるようになった。その2年後に雄別炭鉱は閉山となり、雄別鉄道は雄別炭礦に吸収合併された後に廃止。埠頭線のみが釧路開発埠頭に引き継がれた。その時にYD1301はKD1301となり、主力機として活躍したが、廃止後は太平洋石炭販売輸送に転じてKD801となった。

KD1303は、1969(昭和44)年に夕張鉄道DD1001として誕生した。日立製作所笠戸工場製で機関はDMF31SBI(600PS)×2基。夕張鉄道廃止後は北海道炭礦汽船を経て、1981(昭和56)年3月31日付けで入線した。放熱器や手摺等を改造したが、晩年は予備機であった。

○KD5002

1974(昭和49)年日本車輌製の50t機。DMF31SB(500PS)×1基搭載のセミセンターキャブ機。雄別鉄道引継ぎのC111(元江若鉄道)を置き換えるべく新造した。廃止後はエンジンのみ十勝鉄道(西帯広からの専用線を運行：2012(平成24)年6月1日最終運行)に転じた。

セミセンターキャブのKD5002をショートノーズの2位側から見る。
1984.9.7　新富士機関区
P：服部朗宏

1968(昭和43)年汽車会社製の苫小牧港開発D5601。塗色は橙色地に緑帯(2頁のD5605参照)。1998(平成10)年の営業廃止に伴い廃車。
1990.5　新苫小牧　P：大幡哲海

3. 苫小牧港開発

苫小牧臨海工業地帯の用地を造成する目的で、北海道東北開発公庫および苫小牧市の出資により、1958(昭和33)年8月26日に設立された。1963年4月に苫小牧港が開港し、石炭積出荷役業務が開始されると、石炭埠頭までの公共臨港線の運転管理を行った。一方、苫小牧臨海工業地帯に進出した企業は、原料及び製品輸送用の鉄道敷設を開発主体である苫小牧開発に求めた。苫小牧開発は、用地を所有していることや、すでに公共臨港線での運転実績があることから鉄道敷設を決意した。

国鉄苫小牧貨物駅に隣接する新苫小牧から石油埠頭までの10.2kmは1968(昭和43)年12月3日に開業した。開業に際してはDD5600形2両が新造され、1972年度の輸送量は127万tであった。

三井芦別鉄道が1989年3月26日に廃止されると苫小牧港に来る石炭列車はなくなり、公共臨港線は休止。新苫小牧～石油埠頭間も需要の減少により、1998年3月末に休止、廃止は2001(平成13)年3月31日であった。

○D5601・5603～5606

D5601・5602は、新苫小牧～石油埠頭間開業に合わせて1968(昭和43)年に登場。汽車会社製の56t機で、前年製の同和鉱業小坂鉄道DD130形とほぼ同形である。

国鉄DD13形の後期型とよく似たスタイルであるが、出入口は2ヶ所で、出入口のない妻面は縦長の窓になっている。機関はDMF31SB(500PS)×2基搭載。貨物の減少から5602は1989(平成元)年3月31日に廃車となった。

5603～5605の3両は1972(昭和47)年、5606は1977(昭和52)年に登場した。ともに川崎重工業製で、機関は5601・02と同じDMF31SB(500PS)×2基搭載ながら放熱器部分の設計変更で、全長が長くなり、形状も異なる。5603は1996年5月30日付けで廃車となり、残る3両は主力機として活躍した。

営業最終日の1998(平成10)年3月30日は、D5604+5605+5606+タンク車10両が「さようなら」のヘッドサインを掲げて別れを告げた。廃止後、5604・5605の2両は名古屋臨海鉄道へ、5606は十勝鉄道に転じたが、いずれも廃車になり、今日の稼働機は存在しない。

1957(昭和32)年新潟鐵工所製の津軽鉄道DD351。2000年代より休車となっている。
1990.4.2　津軽五所川原
P：寺田裕一

4．津軽鉄道

1930(昭和５)年７月15日に五所川原(現在の津軽五所川原)～金木間が開業、同じ年の10月４日に大沢内、11月13日に津軽中里まで延長して全通を見た。全通当初は、日立製のタンク式蒸気機関車３両(C351～353)が、武蔵野鉄道(現在の西武鉄道)より購入した客車と新造の貨車を牽引する、混合列車７往復を運転、所要時分は70分程度であった。戦前にガソリンカーを導入してフリークエンシーを高めたが、戦時中は燃料難で再び蒸気機関車の天下となった。

戦後は1950(昭和25)年から気動車の復活が始まり、1952年４月にディーゼル機関車２両を新造した。新潟鐵工所製のC形両運転台式のDC201・202で、試作車的要素が強かった。DC201・202は運転整備に手間がかかり、故障も多かったことから、1957年と1959年に新潟鐵工所でDD350形２両を新造して、朝ラッシュ時の客車列車と混合列車の牽引に当たった。1984年に貨物営業が廃止になると、平日朝ラッシュ時の客車列車の牽引が仕事になり、必要両数の気動車が揃うと、冬季のストーブ客車牽引が仕事となった。

●DD351・352

新潟鐵工所製の35t機。センターキャブ式で、台車はロッド式。351は1957(昭和32)年12月に落成し、180PS×２基搭載。352は1959年11月落成で、220PS×２基搭載に増強されている。1984(昭和59)年２月１日に貨物列車が廃止されるまでは混合列車の牽引機として通年使用されていたが、必要両数の気動車が揃うと冬季以外の活躍の場は極めて少なくなった。1988年にDD351の機関はDMH17Cに、DD352の機関は6L13LSに更新された。

2000年代に入るとDD351は休車となり、DD352のみ冬季のストーブ列車と除雪車の牽引機となったが、機関の不調から、近年は運用から外れることが多い。

DD351に続き1959(昭和34)年に増備された津軽鉄道DD352。ストーブ列車牽引の主力として用いられるが、近年は不調のため気動車が代行する場合がある。
1994.7.22　津軽五所川原
P：寺田裕一

1962(昭和37)年に日立笠戸工場で製造された南部縦貫鉄道DD451。同鉄道の貨物輸送は当初の期待通りにはならなかった。
1981.2.8　七戸　P：寺田裕一

5. 南部縦貫鉄道

1962(昭和37)年10月20日の開業時は、45t級のディーゼル機関車D451、レールバスのキハ101・102と貨車5両で、貨物営業に対する期待の大きさと、旅客営業は大してアテにしていなかったことがわかる。これは、天間林付近で産する砂鉄を下北半島に建設される「むつ製鉄」へ年間10万t程度輸送する計画であったためだが、政府は「むつ製鉄」の企業化を断念し、その計画は立ち消えとなった。それでも米や肥料といった貨物の輸送が、この鉄道の経営を支えた。

1984(昭和59)年2月1日の貨物廃止後は、存続している方が不思議な存在であったが、1997年1月の株主総会で廃止を決議。同年5月5日限りで休止となった。廃止が休止に変わったのは、東北新幹線の連絡運輸の絡みであったが、新幹線が開業しても施設更新の目途が立たないことから、2002(平成14)年8月1日実施で廃止に至った。

廃止によりすべての車両の車籍が消えたが、今も旧七戸機関区に旧車両は格納されていて、鉄道愛好者の団体によって時々屋外に引き出される。

レールバスで有名な南部縦貫鉄道であるが、当初は貨物輸送も想定し機関車が準備された。写真は軌道モーターカーDB11が除雪中の姿。
1981.2.9
盛田牧場前－営農大学校前
P：寺田裕一

1962(昭和37)年富士重工製の軌道モーターカー、南部縦貫鉄道DB11。晩年は除雪用に用いられた。
1982.2.25　七戸　P：寺田裕一

○D451

1962(昭和37)年6月に日立製作所笠戸工場で新造した45t凸型機。日立HG-45BB形規格品で住友大阪セメント岐阜工場の入換機であった樽見鉄道101とは同系機。250PSのDMH17Sを2基搭載し、貨物列車の牽引機として活躍した。

貨物列車は野辺地(1968年までは千曳)～七戸間1往復で、主な発送品は米、到着品は肥料で、取扱駅は坪、天間林、七戸であった。1984(昭和59)年2月1日に貨物営業が廃止されて以降は、ほとんど動くことはなかった。

○DB11

1962(昭和37)年6月富士重工業宇都宮製作所製の軌道モーターカー。納入とともに線路建設工事にも使用された。しばらくは備品扱いであったが、1964年2月18日に車籍を得てDB11となった。

全長4.5m、自重7t、25‰勾配における牽引力は40tと非力で、晩年はスノープラウを付けて除雪車として使用された。塗色は黄色で、雪原をヘッドライト2灯で走る姿は頼もしかった。

○DC251

1959(昭和34)年8月協三工業製のL形機。羽後交通横荘線DC2として登場し、横荘線廃止後に雄勝線に転じた。1973(昭和48)年3月末限りで雄勝線が廃止され、同年10月26日付けで入線した。

D451の予備機で、D451の検査入場時に貨車を牽引したほか、レールバス入場時にキハ103を牽引した。晩年のキハ103は自走が不能な状態で、客車代用であった。貨物廃止後は全く出番がなく、七戸庫で眠っていた。休止前日の展示が久しぶりの屋外であった。

羽後交通横荘線DC2として1959(昭和34)年に協三工業で製造されたL型機を1973(昭和48)年に購入した南部縦貫鉄道DC251。
1997.5.5　七戸　P：寺田裕一

青森県八戸臨海工業地帯の貨物輸送を担う八戸臨海鉄道。北沼は海上自衛隊八戸基地の直近にある。　2021.9.9　北沼　P：寺田裕一

6. 八戸臨海鉄道

JR八戸貨物駅から分岐し、8.5km先の北沼に至る貨物専業鉄道。地方鉄道としての開業は1970(昭和45)年12月1日であったが、それ以前に青森県専用線としての歴史がある。

青森県専用線は1966(昭和41)年3月に北八戸信号場～三菱製紙八戸工場間7.2kmの輸送を開始した。その後、三菱製紙の生産量増大や馬淵川西岸・北沼地区への工場進出などにより、専用線を臨海鉄道方式で運営することになり、国鉄・青森県・八戸市・進出企業の共同出資により、1970年7月30日に八戸臨海鉄道が設立された。

同年12月1日の開業時に、八戸線に並行する1.3kmが新設され、現在の線形となった。その後、八戸臨海工業地帯への企業進出は続かず、初期にあった荷主もトラック輸送に移り、八戸精錬からの硫酸輸送も1997年になくなった。現在の荷主は三菱製紙のみで、輸送品の大半は紙の発送で、到着品に古紙。デンプン、液化塩素などがある。

北沼から先の三菱製紙専用線の機関車については、1993年4月1日当時は八戸臨海鉄道に車籍があり、D727が入線した当初、1994年度末の機関車在籍車数は5(DD561～563+DD 352+D727)。機関車在籍車数5は2005年度末まで続き、2006年度末からは3に変わっている。つまり、この時からDD352とD727は在籍から外れ、以降の増備車DD353も八戸臨海鉄道の在籍車両ではない。とはいえ、北沼に向かうと姿を見ることができるので、解説を加える。

DD353は三菱製紙専用線で使用するスイッチャー。2020年北陸重機工業製の35t機で2020年4月28日から運用を開始した。台枠とステップ、手すりが赤、ベースがベージュの配色はインパクトが。通常は2エンド側のみ連結器を使用し、2エンド側のブレーキホースは垂れ下がっているが、1エンド側のブレーキホースはチェーンで固定されている。現在の専用線主力機で、連日活躍を続けている。

2011年3月11日の東日本大震災では被災して全線が不通となったが、2011年6月2日に全線での営業

八戸臨海鉄道の北沼より先、三菱製紙専用線で用いられるDD353。2020(令和2)年製の新鋭機。
2024.10.1　北沼　P：寺田裕一

1974(昭和49)年日車製の秋田臨海鉄道DD352を1977年に譲り受けたDD352。車籍は八戸通運が有し、三菱製紙専用線で用いられる。
1992.9.9　北沼　P：藤岡雄一

運転を再開した。

○DD352

DD352は、秋田臨海鉄道のDD352を1977年に譲り受けた。八戸通運が所有し、北沼で接続する三菱製紙専用線で使用するスイッチャー。1974年日本車輌製の35t機で、機関はDMH17C(180PS)×２基搭載。雪国使用のため運転席窓は旋回窓構造、秋田臨海鉄道には日立製の35t機が在籍していたことから連番で352となった。八戸入りしても番号はそのままで使用を開始したが、DD353入線後は予備機となっている。

○D727

1962年日立製作所製で、常磐炭鉱専用線DL-8として誕生し、青梅線奥多摩と奥多摩工業青梅工場間で石灰石貨車牽引に従事した後に1998年４月10日付けで八戸臨海鉄道D727となった。DMH17C(180PS)×２基のセンターキャブ機であるが、キャブの背は低い。八戸通運の私有機で、北沼～三菱製紙工場間で貨車牽引を行うが、DD353登場後は姿を見ない。

○DD561～3

DD561・562は、開業に合わせて汽車会社で本線牽引機２両が新造された。国鉄DD13タイプの56tセンターキャブ機。機関はDMF31SB(500PS)×２基搭載。カラーリングは、国鉄DD13形と同じ、朱色。DD563は1981年４月28日に増備された。DD13形タイプの56t機であるが、メーカーは川崎重工業に代わっている。そのため、ボンネットの形状など細部が異なる。カラーリングは、国鉄DD13形と同じ、朱色で登場した。八戸臨海鉄道の本線牽引機は１両使用、１両予備で足りることから、DD561は2007年12月に廃車。

1962(昭和37)年日立製作所製の常磐炭鉱専用線DL-8を1998(平成10)年に譲り受け、三菱製紙専用線で用いられるD727。この日は北沼に入線した。
2001.3.30　北沼
P：寺田裕一

1970(昭和45)年の八戸臨海鉄道開設時に汽車会社で新製されたDD561。2007(平成19)年の廃車まで国鉄DD13と同様の塗色であったが、台枠や手スリは黄色に塗られていた。
2001.3.30　北沼　P：寺田裕一

1981(昭和56)年に川崎重工で新製された八戸臨海鉄道DD563。2007年以降は青塗装とされ、3号機にはウミネコの絵が描かれた。2020(令和2)年に廃車。　2011.9.17　北沼　P：寺田裕一

国鉄DD13形に準じたカラーリングは、2007年9月に3号機、2008年10月に2号機が水色に変更され、3号機のボンネットには八戸市の鳥・ウミネコ、2号機のボンネットには南部地方の民芸品「八幡馬」が描かれた。新鋭機の増備からDD562・563とも2020年4月1日に廃車となった。

●DD564

DD564は、2014(平成26)年北陸重機工業製の新造機。4動軸で56t級であることからDD561～3の続番としているが、全体的に角張ったデザインで全く異なるスタイルの新設計機。主機関は新潟原動機6L16Cx、6気筒600PS×2基搭載で、台車はHD001。運転席に冷暖房装置を装備し、雨天時や降雪時に効果のある旋回窓を運転室妻面4ヶ所に設け、乗降口ドア4ヶ所の窓にはワイパーを設けている。

当初から水色主体の塗装で、2014年12月13日から営業運転を開始し、主力機として活躍する。DE10形が登場しているが、主力機の座は譲っておらず、基本は当機が本線牽引と、北沼での貨車受け渡しを行う。

●DD16 303

DD16形は、国鉄簡易線の機関車の無煙化を目的として1971(昭和46)年から1975年にかけて65両が製造された。

軸重12t以下で、DD13形やDE10形が入線できない線区での蒸気機関車置き換え用として製造された。車体はDE10形をさらに短くした凸形で、エンジンを搭載する側のボンネットが長く、短い方のボンネットの中には機関予熱器、蓄電池箱、制御器箱などを収めて軸重不均衡への対策としている。

1979年から1983年にかけて2・5・4・13の4両が両端に脱着式のラッセル式除雪ヘッド取り付け可能に改造され、301～304として飯山線と大糸線で使用

2014(平成26)年北陸重機製の八戸臨海鉄道DD564。DD561～563と同じ56t級機ではあるが、形態は大きく異なる。
2015.9.4　北沼
P：寺田裕一

八戸臨海鉄道DD16 303。1972(昭和47)年日車製の国鉄→JR東日本の同番機を2009(平成21)年に譲り受けたもの。
2017.8.31　北沼　P：寺田裕一

された。

2009(平成21)年にJR東日本長野総合車両センター所属の303号機を八戸臨海鉄道が購入、2009年12月11日から改番することなく使用を開始した。2021年7月まで貨物列車牽引機として活躍し、2022年6月19日のラストランで引退した。引退後は稼働していないが、車籍は残っている。

●DE10 1761・1764

DE10 1761は、1976(昭和51)年日本車輌豊川工場製。1977年12月7日に青森機関区に配置され、1987年3月1日の組織改正で青森東運転区配置に変わり、1987年4月1日のJR発足でJR東日本の所属となった。

1996年3月16日の組織改正で青森運転所東派出所属に変わった。2004年4月1日の組織改正で青森車両センター東派出所属に変わり、2008年3月15日に東派出所が廃止されると青森車両センター所属に変わった。2016年3月26日に青森車両センター車両無配置化により盛岡車両センター配置に変わり、2020(令和2)年4月23日にJR東日本廃車。八戸臨海鉄道への売却が決まり、JR東日本秋田総合車両センターで整備の後、2020年8月に土崎から青森信号所経由で青い森鉄道経由で八戸貨物に回送され、2020年8月26日から営業運転を開始した。

DE10 1764は、1976(昭和51)年川崎重工業兵庫工場製。1978年1月19日に青森機関区に配置され、1987年3月1日の組織改正で青森東運転区配置に変わり、1987年4月1日のJR発足でJR東日本の所属となった。1996年3月16日の組織改正で青森運転所東派出所属に変わった。2004年4月1日の組織改正で青森車両センター東派出所属に変わり、2008年3月15日に東派出所が廃止されると青森車両センター所属に変わった。2016年3月26日に青森車両センター車両無配置化により盛岡車両センター配置に変わり、2024(令和6)年3月20日にJR東日本廃車、八戸臨海鉄道入りした。

2024年9月14日に八戸車庫にて撮影会が実施され、その後に営業運転を開始したが、主力機はDD564で、予備機的存在である。。

八戸臨海鉄道DE10 1761。1976(昭和51)年日車製の国鉄→JR東日本の同番機を2020(令和2)年に譲り受けたもの。
2021.9.9　北沼
P：寺田裕一

1968(昭和43)年に新潟鉄工所で新製された岩手開発鉄道の53t機、DD5351を出力アップし56t機となったDD5651。国鉄DD13とはキャブ回りを中心に形態が異なる。
2007.5.6　赤崎　P：寺田裕一

7. 岩手開発鉄道

大船渡港の後背内陸部地域の振興と、地下及び林産資源等の開発を目的として、岩手県が中心となって盛から釜石線平倉に至る28.8kmの鉄道を計画した。計画は戦前であったが、開業は戦後の1950(昭和25)年10月で、営業区間は盛～日頃市間。車両は国鉄払い下げの蒸機2273(B6形)とキハ4001の２両だけであった。輸送量は客貨ともに伸びず、会社は倒産寸前までにまで陥った。

再建策として、赤崎にある小野田セメント(現在の太平洋セメント)大船渡工場のセメント輸送をトラックから鉄道に切り替えることを決定。1957(昭和32)年６月に盛～赤崎間が貨物専業で開業した。さらに1960(昭和35)年６月に日頃市～岩手石橋間が開業して長岩鉱山からの石灰石輸送が始まると、輸送量は飛躍的に増大した。

旅客輸送は終始振るわず、1992(平成４)年３月末限りで廃止となり、以降は貨物専業となっている。1993年度輸送量は459万tを記録し、2011(平成23)年３月11日の東日本大震災では赤崎から盛までの区間が水没して大きな被害を受けたが、11月７日から営業運転を再開した。

2021(令和３)年度の輸送量は224.9万tと最盛期の半分の水準であるが、日本の私鉄ではNo.1の貨物輸送量である。

●DD5651 ～ 5653

石灰石輸送量の大幅増加に伴い、従来の38t機や43t機を大幅にパワーアップした53t機DD5351が1968(昭和43) 年12月、5352が1969年12月、5353が1973年12月に、新潟鐵工所で新造された。

500PS機関×２基搭載で、国鉄DD13形八次車と同等の性能を有した。正面２枚窓で、長い庇とRの強い屋根を持ち、キャブ側面に乗務員扉が設けられている。その後、出力アップを中心とした改造がなされ、1979年４～７月に機関はDMF31SBI(600PS) ×２基に、運転整備重量が56tとなったことから、DD56形に編入されている。

1993(平成５)年から1997年にかけて機関は直噴式のDMF31SDIに再換装された。DD5653は2019年12月12日に、DD5651は2020年２月17日に機関がDMF31SDI から6L16CXに更新された。600PS×２基搭載に変化はない。

DD5652は、DD5602の登場に先立ち運用から離れ2023年２月に廃車、盛の側線に留置されて、屋外から姿を見ることができる(24頁写真参照)。

1977(昭和52)年に新潟鉄工所で新製された岩手開発鉄道DD5601。こちらは当初より56t機として新製されており、外観もDD13にやや近づいている。
2017.1.28　盛　P：寺田裕一

●DD5601

石灰石の輸送力増強と主力機の検査による減送を防止するべく、当初から56t機として1977(昭和52)年6月に登場した。機関は出力増強タイプのDMF31SBI(600PS)×2基搭載。キャブの屋根は少し浅くなり、乗務員扉はキャブ表面に設けられるなど国鉄DD13形のスタイルに近付いた。

1995(平成7)年12月に機関は直噴式のDMF31SDIに換装され、2022(令和4)年1月19日にDMF31SDIから6L16CXに更新された。600PS ×2基搭載に変化はない。

●DD5602

DD5601の登場から約半世紀、46年の時を経て、DD5652の代替機が新潟トランシスで新造された。機関をはじめ主要機器は既存機と同様で、前照灯がボンネット埋込から専用の台座に取り付けられていてイメージが異なる。

ボディーと台車など計4台のトレーラーで輸送されて盛に到着したのが2023(令和5)年7月21日で、組み立ての後に7月24日から試運転が始まり、7月27日に安全祈願がなされた。主力機として貨物列車の先頭に立っている。

DD5601の製造から46年の後、2023(令和5)年に新潟トランシスで新製された56t機、岩手開発鉄道DD5602。同年同工場製の福島臨海鉄道DD562(43頁参照)とよく似ているが、乗務員扉の位置が異なる。
2023.12.11　盛　P：寺田裕一

岩手開発鉄道の運行拠点のひとつであり、本社所在地でもある大船渡市の盛(さかり)駅。DD5602牽引の石灰石列車が赤崎へ向かう。左の機関車がこのDD5602新製により廃車となったDD5652で、奥のホーム手前側は三陸鉄道リアス線が使用し、その奥側はJRのBRT大船渡線の折返し場、その左側がBRT盛駅となっている。写真右奥の踏切脇には、岩手開発鉄道の旅客営業時のホームが現役そのままの形で残存する。

2023.12.11　盛　P：寺田裕一

小坂精練小坂鉄道は、1989（平成元）年に親会社の同和鉱業（現・DOWAホールディングス）から分離されるまでは同和鉱業小坂鉄道と呼ばれ、当時存在していた同和鉱業片上鉄道とは兄弟関係にあった。濃硫酸輸送のあった小坂線では、DD130形による三重連も見られた。2009（平成21）年に鉄道廃止。
1982.2.27　竜谷－小坂
P：寺田裕一

8．小坂精錬小坂鉄道

大館～小坂間の小坂線は、官設の森林鉄道を母体として、大館～花岡間の花岡線は専用鉄道を母体とした。両線とも軌間762mmの私設鉄道として開業し、先ず花岡線が1951（昭和26）年11月に1,067mmに改軌され、続いて1962（昭和37）年10月に小坂線が1,067mmに改軌された。

軌間762mm時代の両線は、小坂線の電化区間（小雪沢～小坂間）で電気機関車が活躍した以外は蒸気機関車が客車と貨車を牽引した。改軌後の花岡線は当初蒸気動力で、昭和30年代に入ってディーゼル機関車が登場した。小坂線には改軌前の1957年からディーゼル機関車が入線し、改軌後は全線、全列車がディーゼル動力となった。輸送量の減少による機関車の廃車は1980年から始まり、1983（昭和58）年11月末限りで花岡線貨物が廃止になるとDD10形２両も廃車になった。

最盛時には年間200万人程度の輸送人員があったが、1985年４月１日に花岡線が廃止される頃には年間30万人を割り、1994（平成６）年10月１日に旅客営業を廃止した、小坂線は貨物専業となって営業を続け、２往復の濃硫酸貨物列車が走ったが、2008年３月４日をもって硫酸貨物列車の運行を停止し、３月12日に小坂留置貨車の回送を行って列車の運行を中止、手続き上は2009（平成21）年４月１日に廃止となった。

小坂線改軌に備え1962(昭和37)年に3両が新製されたDD130形。国鉄DD13とは似ているが、運転台や乗務員扉の配置が異なる。写真は小坂精練に分離された後のDD13 1。
2007.4.30　大館
P：寺田裕一

○DD13

小坂線の改軌に備え、1962(昭和37)年9月に新三菱重工業三原製作所でDD11～13の3両が新造された。液体式中央運転台のB-B形45t機。1964年に重連総括制御可能に改造され、DD130形登場までは小坂線貨物列車の先頭に立った。DD130形入線後は、DD11が小坂停車場構外側線牽引機、DD12・13が花岡線貨物牽引機となった。1983年12月1日に花岡線貨物と小坂停車場構外側線が廃止されると、DD11・12は廃車となり、DD13は小坂構内入換機に変わった。入換専用機のニーズがなくなると、1995年8月に廃車となり、形式消滅した。写真は巻頭カラー3頁参照。

○DD131～133

小坂線改軌に続き、花岡鉱山における松峰新鉱床3000万tの発見に伴う第二次輸送力増強対策として登場した。汽車製造会社製、DMF31SB(500PS)×2基搭載の強力機で、1967年11月にDD131・132、1968年8月にDD133が入線した。国鉄DD13形後期車と同形であるが、運転台が前向きに2ヶ所、出入口も2ヶ所となっている。当初より総括制御可能で、小坂線の主力機として最大三重連(小坂→茂内)で貨物列車の先頭に立った。三重連の場合は、2両が茂内で切り離され、茂内から大館までは1両で貨車を牽引し、2両は重連で小坂に回送された。

○DD13 556

1968(昭和43)年9月日本車輛製の55t、1,200PS機。片上鉄道DD13556として登場したが、先に貨物減が始まった片上から小坂に1978(昭和53)年9月7日付けで配置変更となった。総括制御不能で、DD130形の検査時以外は、小坂機関区で眠っていた。小坂と片上は、貨物が盛業の頃は交流があり、1年交代で会議を開いていた。

1968(昭和43)年日車製の片上鉄道DD13 556を、1978(昭和53)年に同じ同和鉱業グループの小坂鉄道に配置変更したもの。写真は廃車後に保管されているもの。
2017.5.4　小坂　P：寺田裕一

2021（令和３）年まで営業が続けられていた秋田臨海鉄道。大半の機関車が国鉄DD13タイプまたはDE10形タイプであった。
2016.9.5　秋田港　P：寺田裕一

9．秋田臨海鉄道

1965（昭和40）年に秋田湾地区が新産業都市に指定されたことを受け、国鉄・秋田県・進出企業が出資する臨海鉄道方式で、1970（昭和45）年４月に設立された。

奥羽本線土崎から分岐する秋田港貨物支線の終点、秋田港から分岐していた秋田鉄工埠頭と日本石油専用線を利用して、1971年７月に秋田港～向浜間の南線全線5.4kmと、北線秋田港～中島埠頭間0.5kmで開業し、同年10月に中島埠頭～秋田北港間2.0kmが開業して全通した。南線には秋田港起点1.5kmの地点に穀保町があり秋田鉄工埠頭専用線が分岐していたが1997年10月に廃止、中島埠頭も日本石油加工専用線を分岐していたが、1996年度以降は取扱ゼロが続いた。

その後の荷主は向浜の日本製紙秋田工場と、秋田北港の秋田製錬飯島精錬所のみとなり、向浜は紙製品の発送と化成品の到着。秋田北港は小坂からの濃硫酸の到着があった。小坂からの濃硫酸の到着は2008年３月５日が最終で、北線は以降休止となった。

日本製紙秋田工場からの出荷の最終は2021年３月12日で、2021年４月１日に廃止となった。法人格は2024年１月に消滅した。

在籍機関車数は、2006年度末が４両、2007～2011年度末が３両、2012年度末が４両、2013～2016年度末が５両、2017～2019年度末が４両、2020年度末が３両であった。仙台臨海鉄道への貸し出しのDE652の計上が貸出期間中は元会社（秋田臨海鉄道）で、DD351は2007年度に秋田臨海鉄道の車両としては除籍、DD561は2016年度に除籍となった。

○DD351

1971（昭和46）日立製作所製の35t機。開業に合わせて新造された。開業時は、当機の他にDD56形２両が存在しており、当初から入換用であった。機関はDMH17C（180PS）×２基搭載で、角張ったスタイルが産業用機関車らしい。前照灯は運転台窓上部２ヶ所にあり、運転席側の旋回窓構造が珍しい。

DD351の晩年は、向浜の日本製紙秋田工場で入換を行った。2007年度に秋田臨海鉄道としては車籍が消えたが、以降も入換業務には就いていた。

なお、1974（昭和49）年にDD352が日本車輌で新造されたが、貨物輸送量の伸び悩みもあって1977年に八戸臨海鉄道に転じた。

1971（昭和46）年日立製の秋田臨海鉄道DD351。入換用に製造された35t機で、1974（昭和49）年にDD352が増備されたものの、その３年後に八戸臨海鉄道に譲渡され同社DD352となった（19頁参照）。
1992.9.8　向浜　P：藤岡雄一

1970(昭和45)年日本車製の秋田臨海鉄道DD561。写真は1998年以降の青地に白帯塗色であった頃。　2007.5.2　P：寺田裕一

○DD561・562

開業に合わせて２両が日本車輌で新造された。国鉄DD13タイプの56t機で、機関はDMF31SB(500PS)を２基搭載。運転台に旋回窓を持つのが珍しい。登場時は国鉄色に似た塗色で、上半の白帯がなかった。前部デッキに事故防止用の回転式警戒ライトが設けられたのは1990年で、1998年に塗色が青ベースに変わり、561は白の直線、562は白の波線となった。最後は561が国鉄色となって秋田港に留置されていたが、561は2016年度に除籍となっていた。

DD561は晩年期に国鉄色に戻されたものの、2016(平成28)年に廃車された。
2014.5.1　秋田港
P：寺田裕一

DD562は1998(平成10)年の塗色変更の際、青地に白の波模様に変更された。2021(令和３)年に廃車。
2020.9.11　秋田港
P：寺田裕一

秋田臨海鉄道DE652。1970(昭和45)年に新潟臨海鉄道DE652として汽車会社で製造、2003(平成15)年に秋田臨海鉄道に譲渡された。さらに2011(平成23)年には仙台臨海鉄道に貸与、後に譲渡され同社で現存する(37頁参照)。 2007.5.2　秋田港　P：寺田裕一

○DE65 2

1970(昭和45)年の新潟臨海鉄道開業に合わせて汽車会社で新造された。新潟臨海鉄道廃止後の2003年2月に秋田臨海鉄道に移籍がなされた。外観は新潟臨海鉄道時代のままで、黄色の帯で活躍を開始し、本線牽引の主役となった。

2011(平成23)年秋に黄帯がJRと同じ白帯に変更がなされ、その直後、2011年11月8日からは東日本大震災被害で機関車が不足した仙台臨海鉄道に8年間の貸与となった。貸与期間も車籍は秋田臨海鉄道にあったが、2017年3月に正式に譲渡がなされ、秋田での活躍は8年余りであった。

○DE10 1543

1971(昭和46)年日本車輌製で、1971年10月に国鉄青森機関区に配属となった。国鉄時代は、1982年11月に盛岡機関区、1984年2月に釜石機関区、1986年11月に田端機関区に配属となり、JR東日本となってからは1990年に宇都宮運転所所属となった。

JR東日本廃車は2004(平成16)年6月27日。JR貨物苗穂車両所を経由して2004年9月15日に十勝鉄道に転じ、2012年5月31日に十勝鉄道の営業が終了したことから2014(平成26)年3月23日に秋田港到着。3月26日から営業運転を開始した。

以降7年間、本線牽引の主力機として活躍したが、廃止後の2023年3月に解体された。

秋田臨海鉄道DE10 1543は国鉄の同番機として1971(昭和46)年に日車で製造、JR、十勝鉄道を経て2014(平成26)年に秋田入りした。写真は十勝鉄道時代。
2007.6.1　P：寺田裕一

秋田臨海鉄道DE10 1250は、1976(昭和51)年に国鉄DE15 1525として日車で新製された。1543号機と同様に十勝鉄道を経て2012(平成24)年に秋田入り、DE10 1250に改番された。後に仙台臨海鉄道に譲渡、DE65 5として現存する(37頁参照)。

2013.1.12　秋田港　P：寺田裕一

○DE10 1250

1976(昭和51)年日本車輌製で、国鉄DE15 1525として誕生した。同年10月5日に盛岡機関区配属、JR東日本となる直前の1987年3月1日に青森東運転区に転属、2010年8月9日廃車。その年の11月に十勝鉄道に転じ、2012年5月31日に十勝鉄道の営業が終了したことから2012年11月30日に秋田臨海鉄道での運転を開始した。この時にはDE10 1250に改番がなされていた。

廃止の少し前の2021(令和3)年3月に仙台臨海鉄道に転じ、DE65 5に改番されて主力機となって活躍している(37頁参照)。

○DE10 1251

1981(昭和56)年日本車輌製で、国鉄DE15 2526として誕生した。新製後、1981年8月に釧路機関区に配属され、釧路の地を離れることなく、2016年4月30日に廃車となった。

2016(平成28)年9月28日にDE10 1251に改番がなされて秋田臨港鉄道入り。2021年1月4日には除雪作業中に脱線したものの、その後は営業運転に就いた。

廃止後は西濃鉄道に転じ、6月20日から21日にかけて秋田港から敦賀港までフェリーで輸送され、西濃鉄道では2022年8月1日から営業運転に就いている。

写真は秋田臨海鉄道から西濃鉄道に譲渡された後のDE10 1251。1981(昭和56)年に国鉄DE15 2526として日車で新製、2016(平成28)年にDE10 1251として秋田入り、2022(令和4)年より西濃鉄道に譲渡された。

2024.9.10　美濃赤坂
P：寺田裕一

10. くりはら田園鉄道

軌間762mmの蒸気軌道として1921（大正10）年に開業し、戦時中に地方鉄道改組、戦後1950（昭和25）年に軌間762mmのまま750V電気運転を開始し、この時にED18形３両が新造された。1955（昭和30）年に1,067mmに改軌し、ED18形は改軌を行ってED20形となった。

栗原電鉄の貨物輸送は1984（昭和59）年２月１日の国鉄貨物縮小後も残り、1986年11月１日に石越駅の貨物扱いが廃止されても社線中継だけは残った。年間50,000t程度の鉱山関連貨物は運輸収入の4割以上を占め、命の綱的存在であった。しかし同年に勃発した急激な円高は、ドル建ての国際価格にスライドする国内の非鉄価格体制を直撃し、各鉱山を赤字操業に追いやった。1987年３月に細倉鉱山は閉山され、貨物輸送は３月29日に終止符が打たれ、この時点ですべての機関車は失業した。そして、貨物専業であった細倉～細倉鉱山間0.7kmは1988年10月27日に廃止された。

この後、栗原電鉄の親会社で、細倉鉱山を経営した三菱マテリアルは鉄道廃止を志向するものの、沿線自治体は鉄道存続にこだわり、三菱マテリアルは累積赤字を負担して株式を沿線５町に実質無償譲渡して、1993（平成５）年12月15日に第三セクター経営に移行、1995年４月１日に電気運転を廃止して、くりはら田園鉄道に社名を変更した。その形態で鉄道営業が続けられたのは10年余りで、最後は宮城県が補助金交付から撤退する方針を示し、2007（平成19）年４月１日に廃止に至った。

○DB101

栗原電鉄の直流750Vに対して、東北本線は交流20,000Vで、石越駅入換用の機関車が必要となり、1965（昭和40）年と翌年に１両ずつ（101・102）協三工業で新造された。ロッド駆動式の10t機で、セミセンターキャブ式の貨車移動機。石越駅に１両、細倉鉱山駅に１両が配置されて入換を行ったが、貨物廃止に伴って、DB102が廃車。DB101は当線唯一の機関車として車籍が残ったが、稼働することはほとんどなく、2005年３月30日付けで除籍となった。

旧くりはら田園鉄道若柳駅に現在でも保存されているDB101。
2016.4.24　若柳
P：寺田裕一

栗原電鉄時代のDB101。1965（昭和40）年協三工業製の入換機。
2005.4.22　若柳
P：寺田裕一

1995(平成７)年新潟鐵工所製の仙台臨海鉄道SD55 101。２灯×２連の前照灯が斬新であったが、2011(平成23)年の震災で被災し廃車となった。
2001.4.1　仙台港　P：寺田裕一

11. 仙台臨海鉄道

1971(昭和46)年に開港した仙台新港周辺の工業地帯と国鉄線を結ぶ貨物鉄道として、同年10月１日に陸前山王～仙台港～仙台北港間が開業した。国鉄、宮城県、進出企業が出資する第三セクター方式で、構内拡張の容易であった陸前山王を接続駅として、陸前山王～多賀城間にあった旧軍用線の線路敷を転用した。その後、公共埠頭の建設に合わせ1975年９月に仙台港～仙台埠頭間、キリンビール仙台工場の仙台港地区進出に伴い1983年４月に仙台港～仙台西港間が開業した。

貨物輸送量は1993(平成５)年度に139万tを記録したが、コロナ渦前の2019(令和元)年度がコンテナ24万t、車扱56万t、計80万tで、漸減傾向にある。

2011(平成23)年３月11日の東日本大震災では約10kmの路線のうち3/4が被害を受け、SD101と103は脱線、102は横転して、101と102は廃車になった。2011年４月19日から復旧作業が本格的に始まり、11月25日から仙台西港でのキリンビール輸送から再開された。2012年３月16日から仙台埠頭線のレール輸送が再開され、同年９月７日から石油関連輸送が再開されて元の状況に戻った。

発送品の大半は仙台北港からの石油で、ほかに仙台西港からのビール、仙台埠頭からの鉄道用レールなどがある。

国鉄DD13 112を1983(昭和58)年に譲り受けた仙台臨海鉄道DD55 11。同じDD55でも12号機は鹿島臨海鉄道の同型機、KRD2を譲り受けたものであった(４頁参照)。
2001.4.1　仙台港
P：寺田裕一

○DD55 11・55 12

開業時の本線牽引機はDD55 1・55 2の2両であったが、1983(昭和58)年4月1日の西港線開業に合わせて本線牽引用の56t機2両を増備した。DD55 1・55 2の登場からは間が開いていたので、連番ではなく、11・12としている。

DD55 11は国鉄DD13 112を譲り受けた。1961(昭和36)年汽車会社製の八次車で、DD13形後期タイプの量産形。DD13形は1958年に登場し、当初は370PS機関×2基搭載であったが、1961年登場車からは機関がDMS31SB(500PS)×2基搭載となった。1200PSのSD55形が3両になると本線牽引機の座を奪われ、実質休車となり、2003年に廃車となった。

DD55 12は1983(昭和58)年に鹿島臨海鉄道KRD2を譲り受けた。鹿島臨海鉄道は鹿島臨港線の開業に合わせてKRD1～3を新造した。KRD1は日立製、KRD2・3は日本車輌製で、3両とも1970(昭和45)年9月16日付けで竣工した。国鉄DD13形をベースとした56t機で、エンジンはDMF31Z(550PS)×2基搭載と高出力になり、歯車比を4.59として重量貨物の牽引に備えた。

鹿島臨海鉄道の貨物が伸び悩んだことから1983年10月18日に廃車となり、仙台臨海鉄道入りした。当初はクリームと小豆色のツートンカラーであったが、1992年にブルーに白帯の新塗装に変更されている。2011年2月に解体された。

○SD55 101

本線牽引機4両(DD55 1・DD55 2・DD55 11・DD55 12)の老朽化に対応して、56t機1両を1995(平成7)年2月に新潟鐵工所で新造した。

当線は、15‰上り勾配で1000t牽引ができる必要があり、橋梁の荷重制限から軸重は14tに制限、最大重量は56tがリミットとなっている。

直接噴射式ディーゼル機関DMF31SDI(600PS)を2基搭載、液体変速機は新潟コンバータDBSG138形で変速から直結は全自動切換式、燃料噴射装置は電子式を採用している。ブルースカイに白帯塗装で主力機として本線重量貨物を牽引したが、2011年3月の東日本大震災で被災し、復帰することなく2011年7月に解体された。

○SD55 102

1971(昭和46)年の開業に合わせて本線牽引機DD55 1・DD55 2が新潟鐵工所で新造された。車体は工作簡略化のために角張っている。

DD55 2は1997(平成9)年3月25日付けで機関がDMF31SDI(600PS)に変更されてSD55 102に改番された。主力機として活躍を続けたが、2011年3月の震災で被災し、復帰することなく解体された。

●SD55 103

SD55 102と同じで、開業に合わせて本線牽引機として新潟鐵工所で新造された。DD55 1は1998年10月1日付で機関がDMF31SDI(600PS)に変更されてSD55 103に改番された。主力機として活躍を続け、2011年3月の震災で被災したが、復帰して活躍を続けている。

1971(昭和46)年新潟鐵工所製の仙台臨海鉄道SD55 103。開業時にDD55 2とともにDD55 1として製造されたもので、機関交換時にそれぞれSD55 102と103に改番された。
2001.4.1　P：寺田裕一

○SD55 105(←104)

京葉臨海鉄道KD55 105を震災後の2012(平成24)年に譲り受けてSD55 104とした。

ATS設置後にSD55 105に改番され、主力機として活躍を続けたが、DE65形の相次ぐ登場で、主力の座を追われ、2021年３月31日に廃車となった。

京葉臨海鉄道KD55 105を2012(平成24)年に譲り受けた仙台臨海鉄道SD55 104。
2012.3.30　仙台港　P：寺田裕一

○DD3501

1970(昭和45)年川崎重工業製の35t機。東北開発岩手セメント工場(陸中松川)の牽引機として活躍し、三菱マテリアル岩手工場となった後、1996(平成８)年４月８日付けで仙台臨海鉄道DD3501となった。

仙台北港の東北石油の入換用であったが、2001年９月20日に廃車になり、産業振興に転じた。

国鉄DE15 1538を2021(令和３)年に譲り受けた仙台臨海鉄道DE65 1。
2023.9.8　仙台港　P：寺田裕一

●DE65 1

1976(昭和51)年川崎重工業製で、国鉄DE15 1538として登場した。進行方向の左側に雪をかき分け、機関車の両側にラッセルヘッド車を連結する複線形両頭式除雪車として登場して、JR発足後はJR東日本長岡車両センターに所属し、2020年10月に廃車となった。廃車後すぐに仙台臨海鉄道が譲り受け、2020年11月29日から30日にかけて秋田港駅から仙台港駅まで回送された。

2021(令和３)年10月６日に改番・入籍の後、2021年10月から営業運転を開始して、主力機として貨物列車の先頭に立っている。

三菱マテリアル岩手工場より1996(平成８)年に譲り受けた仙台臨海鉄道DD3501。　1997.9.14　仙台港　P：藤岡雄一

●DE65 2

1970(昭和45)年の新潟臨海鉄道開業に合わせて汽車会社で新造された同鉄道のDE65 2で、新潟臨海鉄道の廃止後の2003年2月に秋田臨海鉄道に移籍がなされた。震災後の2011年11月8日から仙台臨海鉄道に8年間の貸与となり、貸与の前に国鉄色に改められた。貸与期間満了の前、2017年3月に正式に譲渡がなされた。

2019年5月から仙台港で全般検査を受け、11月に出場の際に、側面の「頑張ろう東北」シールは、はがされた。

仙台臨海鉄道DE65 2は、秋田臨海鉄道の同番機を2017(平成29)年に譲り受けたもので、製造当初は新潟臨海鉄道の同番機であった。
2024.6.27　陸前山王　P：寺田裕一

●DE65 3

1971(昭和46)年川崎重工業製で、国鉄DE10 1536として登場した。新製配置は1971年6月21日青森機関機で、JR発足後はJR東日本盛岡支店青森東運転区配置で、2016(平成28)年3月26日に青森車両センターの車両無配置化のために盛岡車両センター配置に変わった。2019年7月5日にJR東日本廃車となり、翌7月6日に秋田港に回送され、整備に入った。2020年5月17日から18日にかけて秋田港駅から仙台港駅まで回送された。

2020(令和2)年6月1日に入籍・改番の後、2021年6月1日から営業運転を開始して、主力機として貨物列車の先頭に立っている。

国鉄DE10 1536を2020(令和2)年に譲り受けた仙台臨海鉄道DE65 3。
2021.9.10　P：寺田裕一

●DE65 5

1976(昭和51)年日本車輛製で、国鉄DE15 1525として誕生した。1976年10月5日に盛岡機関区配属、JR東日本となる直前の1987年3月1日に青森東運転区に転属、2010年8月9日廃車。

その年の11月に帯広の十勝鉄道に転じ、2012(平成24)年5月31日に十勝鉄道の営業が終了したことから2012年11月30日に秋田臨海鉄道での運転を開始した。この時にはDE10 1250に改番がなされていた。

廃止の少し前の2021年3月1日に仙台臨海鉄道に転じ、DE65 5に改番されて主力機の一員となっている。

仙台臨海鉄道DE65 5。国鉄DE15 1525を十勝鉄道、秋田臨海鉄道を経て2021(令和3)年に譲り受けたもの。
2024.4.9　仙台港
P：寺田裕一

東邦亜鉛小名浜製錬所からの亜鉛焼鉱・亜鉛精鉱輸送が継続されていたことで知られる福島臨海鉄道。
2013.4.20　宮下　P：寺田裕一

12. 福島臨海鉄道

常磐線の泉から分岐して小名浜に至る全長4.8kmの貨物専業鉄道。小名浜に初めて通じた軌道は、1907(明治40)年12月1日開業の馬車軌道(軌間762mm)で、1925(大正14)年にガソリン動力を併用した。本格的な鉄道は1939(昭和14)年に免許となり、小名浜臨港鉄道に社名を変更した後、1941年11月1日に開業した。

1953(昭和28)年1月12日には小名浜～江名間5.6kmが開業(栄町～江名間4.9kmは江名鉄道の所有)し、小名浜臨港鉄道は泉～江名間で旅客と貨物の営業を行った。1964年に福島県が経営権を取得して1966年に国鉄が出資、1967(昭和42)年4月20日に福島臨海鉄道に改称された。

小名浜～江名間は1968年3月30日に廃止、1972(昭和47)年10月1日に旅客営業を廃止して貨物専業となった。小名浜埠頭線宮下～小名浜埠頭間1.2kmは2002年4月1日に休止の後、同年10月1日に廃止。2011年3月11日の東日本大震災では被災して全線が不通となったが、2011年5月30日に泉～宮下間、2012年2月1日に宮下～小名浜間が営業運転を再開した。

2015(平成27)年1月13日に小名浜駅を0.6km西側に移転し、宮下駅を廃止。タブレット閉塞式を廃止して特殊自動閉塞式に変更して今日に至る。

福島臨海鉄道35DDH(DD1)は1963(昭和38)年三菱重工製の35t機で、日本水素小名浜工場の入換用に用いられた後、1994(平成6)に廃車された。
1992.12.7　小名浜
P：藤岡雄一

◯35DDH(DD1)

1963(昭和38)年1月三菱重工業三原製作所製の35tセンターキャブ機で、日本水素小名浜工場入換用。所有は日本水素(現在の日本化成)で、運転管理は小名浜臨港鉄道が行った。

三菱タイプの機関車であるが、シャフトドライブ方式で台車は特殊な軸箱守をもつユニークな形状。エンジンは新潟FMH17C(180PS)×2基搭載で、構内入換用であったことから足は遅かった。1994(平成6)年3月31日にDD2とともに廃車となった。

福島臨海鉄道25BH(DD2)は1965(昭和40)年三菱重工製の25t入換機。DD1とともに1994(平成6)に廃車。 1983.10 宮下 P：大幡哲海

◯25BH(DD2)

1965(昭和40)年三菱重工業製の25tB型機。B型機だが車体表記はDD2であった。

DMH17C(180PS)×1基搭載の入換機で、DD1を片ボンネットにしたようなスタイルのL型機。駆動方式はロッド式。日本水素の私有機で、車籍は小名浜臨港にあった。1994年3月31日に廃車となった。

福島臨海鉄道DB251は1969(昭和44)年日立製の25t入換機。下写真のDB253入線により廃車。 1992.9 宮下 P：大幡哲海

◯DB251

1969(昭和44)年日立製作所製の25tB型機。DMH17C(180PS)×1基搭載の入換機で、角張ったスタイルのL型機。前照灯はキャブにあった。

東邦キャリア私有機で、宮下から分岐した東邦亜鉛小名浜工場の入換を行った。車体色は福島臨海鉄道の標準色と同じクリーム色と小豆色のツートンカラーであった。DB253の入籍と入れ替えに廃車となった。

◯DB253

1969(昭和44)年日本車輌製の25tB型機。高崎運輸DB251として誕生した。魚津の日本カーバイト工業専用線の私有機(車籍は富山地方鉄道：1993年3月31日廃車)を経て、1994年東邦キャリアの私有機(車籍は福島臨海鉄道)となった。

日本車輌製の25t標準機であるが、屋根に付けた4個の前照灯がユニーク。車体はスマートであるが、台車は2軸貨車のものに似ている。

東邦キャリア工場内の入換が任務だが、2006(平成18)年度に福島臨海鉄道の車籍は消失した。今は使用されている形跡がない。

福島臨海鉄道DB253は、1969年日車製の専用線入換機(富山地方鉄道籍)を1994年に譲り受けたもの。 2003.10.10 東邦亜鉛 P：寺田裕一

福島臨海鉄道DD351は、1962(昭和37)年富士重工製の35tセンターキャブ機。2003(平成15)年に廃車。
2001.8.25　小名浜
P：寺田裕一

○DD351

1962(昭和37)年2月富士重工業製の35tセンターキャブ機。機関は振興DMH17S(280PS)×2基搭載。変速機は振興TC-2.5トルクコンバータ。駆動方式はロッド式。当初は本線牽引機として活躍したが、大型機が登場すると小名浜駅入換、江名鉄道貨物牽引、朝の通勤列車牽引となり、江名線と旅客営業がなくなると、入換機となった。一時期は業務を受託した常磐線内原の日本セメントの入換機として常駐した。2003(平成15)年12月31日に廃車となった。

○DD352・353

同じDD35形を名乗るが、車体形状・駆動方式ともDD351とは異なる。

2両とも1962(昭和37)年日本車輌製の35tセンターキャブ機。八幡製鉄所(現在の日本製鉄八幡)35DD-9形として誕生した。八幡製鉄所は1970年当時134両のディーゼル機関車を擁し、35DD-9形だけで321～355の35両が在籍していた。

福島臨海入りは1977(昭和52)年で、同じ頃、近江鉄道(D340)と有田鉄道(D353)に同形機が転じた。機関はDMH17SB(300PS)×2基搭載。変速機はTCW-2.5。

DD353は2000(平成12)年12月31日に廃車となり、DD352も2003(平成15)年12月31日に廃車とされたため、現在では姿を見ることはできない。

福島臨海鉄道DD352は、1997(平成9)に八幡製鉄所より譲り受けた1962年日車製の35tセンターキャブ機。2003(平成15)年に廃車。
2001.8.25　宮下　P：寺田裕一

福島臨海鉄道DD501は、1960(昭和35)年新潟鐵工所製の50tセンターキャブ機。1994(平成6)年に廃車。
1983.10 小名浜 P:大幡哲海

○DD501

1960(昭和35)年新潟鐵工所製の50tセンターキャブ機で、小名浜臨港鉄道初のディーゼル機関車。新潟鐵工所として初の本格的50t大型機で、国鉄向け試作車として製造された。当時は各車両メーカーが競って国鉄向けに大型ディーゼル機関車を製作しており、そのうちの1両。国鉄内での試用記録はなく、1960年5月5日に小名浜機関区に到着した。1963年まではメーカーからの借り受けで、使用成績が良好であったことから1963年10月14日付けで購入した。

エンジンはDMF31S(400PS)×2基搭載で、当時としては高馬力であった。駆動方式はロッド式で、丸みを帯びたデザインが特徴といえる。主力機として本線貨物牽引に活躍したが、500PS機が入線すると次第に活躍の場が狭まった。1994(平成6)年3月31日に廃車となった。

○DD551

1966(昭和41)年富士重工業製の55tセンターキャブ機。小名浜臨港鉄道初の55t機で、エンジンはDMF31SB(500PS)×2基搭載となった。主力機として本線貨物牽引に従事したが、廃車となった。

福島臨海鉄道DD551は、1966(昭和41)年富士重工業製の55tセンターキャブ機。2006(平成18)年に廃車。
2010.4.11 小名浜
P:寺田裕一

福島臨海鉄道DD552は、1970(昭和45)年新潟鐵工所製の55tセンターキャブ機。2023(令和5)年に廃車。
2001.8.25　小名浜　P：寺田裕一

●DD552・553→5531

ともに福島臨海鉄道となってからの登場で、メーカーは新潟鐵工所に変わった。

DD552は1970(昭和45)年、DD553は1973(昭和48)年製で、エンジンはDD552が551と同じDMF31SB(500PS)×2基搭載、DD553はDMF31Z(550PS)×2基搭載。スタイルはDD552とDD553は同一で、551と比較するとキャブのひさしが深く、ボンネットの形状も異なる。

塗装は長らくクリームと小豆色であったが、1998(平成10)年2月に全検を行った552が、上半分グリーン、下半分ブルー、境目に白線入りの新塗装となり、以降、本線機は新塗装が基本となった。その後、再度塗装変更がなされ、クリームと小豆色に戻っている。

553はエンジン換装の際に5531に改番され、552は2020年3月14日の検査期限満了によって本線走行ができなくなり、2023(令和5)年3月に廃車となった。

DD553は、1973(昭和48)年新潟鐵工所製の55tセンターキャブ機。2012(平成24)年の機関換装でDD5531に改番された。
2010.4.11　小名浜　P：寺田裕一

DD5531は、上写真DD553の機関を550PS×2基から600PS×2基に変更したもの。
2013.4.20　宮下
P：寺田裕一

福島臨海鉄道DD56 1は、1978(昭和53)年新潟鐵工所製の56tセンターキャブ機。 2008.8.30 宮下 P：寺田裕一

●DD56 1

1978(昭和53)年新潟鐵工所製の56tセンターキャブ機。全長14m級の大型機で、DMF31SBI(600PS)×2基搭載で登場した。従来機と区別するためか車番はDD5601となり、本線貨物牽引の主力機の座に就いた。

1996(平成8)年1月18日にエンジンが直噴式のDMF31SDIに換装されて、車番はDD56 1に改番された。新潟鐵工所製私鉄向けディーゼル機関車の特徴である深い庇を持ち、前部デッキに事故防止用の回転式ライトが設けられている。

●DD56 2

DD56 1の登場から46年を経て、新潟トランシスで新造された。機関をはじめ主要機器は既存機と同様で、前照灯がボンネット埋込から専用の台座に取り付けられていてイメージが異なる。ボディーと台車などがトレーラーで輸送されて小名浜に到着したのが2023(令和5)年3月22日で、組み立ての後に4月2日の53列車から運用に入った。その3ヶ月後に登場した岩手開発鉄道DD5602とは似ているが、運転室扉が妻面に4ヶ所ある。主力機として本線貨物列車の先頭に立っている。

福島臨海鉄道DD56 2は2023(令和5)年新潟トランシス製の56tセンターキャブ機。同年製の岩手開発鉄道DD5602(23頁参照)と類似した外観を持つ。 2024.7.2 泉 P：寺田裕一

新潟臨海鉄道では1981(昭和56)年に国鉄DD13の初期型を２両購入、DD13 61→DD55 1、DD13 71→DD55 2とした。いずれも1989(平成元)年にJR貨物籍となり、1996年に廃車。
1992.3.9　東新潟港　P：服部朗宏

13. 新潟臨海鉄道

1963(昭和38)年から着工された新潟東港周辺を、日本海側随一の臨海工業地帯にしようという構想のもと、1969年に新潟県・新潟市・国鉄・進出企業が出資して全国七番目の臨海鉄道として設立された。1970(昭和45)年10月１日に白新線黒山～藤寄間2.5kmが開業し、藤寄～太郎代間2.9kmは用地買収の関係で1972(昭和47)年３月24日に開業した。

開業当初は進出企業が生産した肥料が発送品の大半を占め、1973年度には43万tの輸送量を記録した。その後、全国的な鉄道貨物退潮から肥料輸送がなくなり、晩年は自動車輸送に転換しにくい化成品のタンク車による輸送が中心で、2000年度は17万tにまで落ち込んだ。

1998(平成10)年の豪雨で新井郷川流域が甚大な被害を受けたことから放水路整備が決定され、その水路が当線に抵触することになった。それに対し、会社は線路移設を行うことなく事業廃止を決意し、2002(平成14)年９月末限りで廃止となった。ただし、黒山～藤寄～西埠頭間は黒山駅分岐新潟東港専用線として残り、主に新潟鐵工所の鉄道車両輸送に使用されている。

新潟臨海鉄道開業の1970(昭和45)年に新潟鐵工所で新製されたDD351。センターキャブのロッド式35t機で、1996(平成８)年に廃車。
1995.12.26　東新潟港
P：藤岡雄一

国鉄DD13 71を1981(昭和56)年に譲り受けた新潟臨海鉄道DD55 2。1989年にJR貨物籍となり1996年廃車。
1992.3.9　東新潟港
P：服部朗宏

○DD351

開業時に登場した35tセンターキャブ機。1970(昭和45)年新潟鐵工所製の35t機で、機関はDMH17C(180PS)×2基搭載で、駆動方式はロッド式。出力が小さいことから当初から予備機で、1996(平成8)年6月26日に廃車となった。

○DD551・552

1981(昭和56)年7月1日から業務を受託した東新潟駅の入換機として国鉄DD13形2両を購入した。DD13形初期型特有の1灯式の前照灯と前面のグリルが特徴であった。

1989年4月1日にJR貨物の車籍に編入された後も入換機として使用したが、1996(平成8)年のDE653の入線に伴い除籍となった。

○DE651・652

開業に合わせてDE10形タイプの65t機2両を新造した。651は日本車輌、652は汽車会社製であるが同スタイル・同性能。寒冷地での使用に合わせて前面に旋回窓、床下にスノープラウ、屋根上にホイッスルカバーを持つ。機関はDML61ZA(1250PS)×1基搭載で、SG非搭載、重連総括制御非対応であることからCP・MR等のコックはない。DE651の晩年は部品確保用であった。

DE652は秋田臨海鉄道に転じ、さらに仙台臨海鉄道に転じている。

○DE653

JR貨物DE10 1104を、1995(平成7)年9月に譲り受けた。当初は東新潟駅の入換に使用されたことから1996年5月16日にJR貨物に車籍編入され、1999年4月1日に再度新潟臨海鉄道籍となった。東新潟駅入換から新潟臨海線に移ると主力機として貨車牽引に当たった。

機関は出力増強型のDML61ZB(1350PS)で、SG搭載・重連総括制御対応であった。廃止後は他社に転じることなく解体となった。

新潟臨海鉄道DE65 3。JR貨物DE10 1104を1995(平成7)年に譲り受けたもので、帯や手スリなど本来の白色部分が黄色塗装となっている。鉄道廃止時の2002(平成14)年に廃車。
2001.7.21　太郎代
P：寺田裕一

■私鉄内燃機関車一覧表(北日本編)

作成：寺田裕一

	会社名	形式	番号	両数	最大寸法(mm)			自重(t)	機関		製造		竣工年月日	前所有社・番号	改造		廃車年月日
					長さ	高さ	幅		形式	出力(ps×個)	年月	製造所			年月	内容	
1	太平洋石炭販売輸送	D10	101	1	13,050	3,720	2,810	54.0	DMF31SB	500×2	1958.12	日本車輌	1958.12.1	(新造)		DMF31S→DMF31SB	1999.11.30
		D30	301	1	12,200	3,820	2,810	45.0	〃	500×1	1964.11	〃	1964.12.4	〃			2003.11.30
		D40	401	1	13,850	3,820	2,810	55.0	〃	500×2	1964.11	〃	1964.12.4	〃			2019.6.30
		DE60	601	1	11,796	3,886	2,743	55.0	キャタピラD-398B	1,050×1	1970.9	〃	1970.10.7	〃			〃
		D70	701	1	13,850	3,845	2,846	〃	DMF31SB	500×2	1978.4	〃	1978.4.15	〃			〃
		D80	801	1	13,600	3,930	2,960	〃	〃	〃	1966.2	〃	2000.3.15	釧路開発埠頭 KD1301			〃
2	釧路開発埠頭	KD13	1301	1	13,600	3,930	2,960	55.0	DMF31SB	500×2	1966	日本車輌	1970.4.16	雄別炭礦 YD1301			1999.9.30
			1303	1	13,600	3,849	2,950	56.1	DMF31SBI	600×2	1969	日立	1981.3.31	北海道炭礦汽船 DD1001			〃
		KD50	5002	1	11,700	3,600	2,662	50.0	DMF31SB	500×1	1974	日本車輌	1974	(新造)			〃
3	苫小牧港開発	D5600	5601	1	13,600	3,849	2,826	56.0	DMF31SB	500×2	1968	汽車	1968	(新造)			1998.4.1
			5603	1	14,000	〃	〃	〃	〃	〃	1972	川崎重工業	1972	〃			1996.5.30
			5604・5605	2	14,000	〃	〃	〃	〃	〃	〃	〃	〃	〃			1998.4.1
			5606	1	14,000	〃	〃	〃	〃	〃	1977	〃	1977	〃			〃
4	津軽鉄道	DD350	351	1	10,950	3,519	2,676	35.0	DMH17C	180×2	1957.12	新潟鐵工所	1958.2.21	(新造)	1988.2	DMH17BX→DMH17C	—
			352	1	10,950	〃	〃	〃	6L13AS	220×2	1959.11	〃	1960.8.24	〃	〃	L6FH14A→6L13AS	—
5	南部縦貫鉄道	DD45	451	1	11,250	3,630	2,725	45.0	DMH17S	250×2	1962	日立	1962.10.15	(新造)			2002.8.1
		DC251	251	1	7,050	3,657	2,668	25.0	〃	250×1	1959.8	協三工業	1973.10.26	羽後交通 DC2			〃
		TMC100BS	DB11	1	4,500	2,650	2,652	7.0	いすゞDA120	125×1	1962.6	富士重工	1964.2.18	(新造)			〃
6	八戸臨海鉄道	DD35	352	1	10,750	3,770	2,720	35.0	DMH17C	180×2	1974	日本車輌	1977	新潟臨海鉄道 DD352			2006年度
		HG-35BB	D727	1	10,750	3,175	2,730	〃	〃	〃	1962	日立	1998.4.10	奥多摩工業 D727			〃
		DD56	561	1	13,600	3,879	2,846	56.0	DMF31SB	500×2	1970	汽車	1970	(新造)			2007.12.21
			562	1	〃	〃	〃	〃	〃	〃	〃	〃	〃	〃			2020.4.1
			563	1	〃	〃	〃	〃	〃	〃	1981	川崎重工業	1981.4.28	〃			〃
			564	1	13,700	3,990	2,970	56.0	6L16CX	600×2	2014	北陸重機工業	2014.7.1	〃			—
		DD16	16 303	1	11,840	3,925	2,805	48.0	DML61S	800×1	1972	日本車輌	2009.11.25	JR東日本 DD16 303			—
		DE10	10 1761	1	14,150	3,965	2,950	65.0	DML61ZB	1,350×1	1976	日本車輌	2020.8	JR東日本 DE10 1761			—
			10 1764	1	〃	〃	〃	〃	〃	〃	1976	川崎重工業	2024.3	JR東日本 DE10 1764			—
7	岩手開発鉄道	DD56	5651	1	14,050	4,059	2,724	56.0	6L16CX	600×2	1968.12	新潟鐵工所	1968.12.1	(新造)	1979.7	出力アップ、DD53形→56形	—
			5652	1	〃	〃	〃	〃	DMF31SDI	〃	1969.12	〃	1969.12.24	〃	1980.10		2023.2.6
			5653	1	〃	〃	〃	〃	6L16CX	〃	1973.12	〃	1973.12.29	〃	1979.4		—
			5601	1	〃	〃	2,850	〃	〃	〃	1977.6	〃	1977.6.29	〃	1995.12	DMF31SBI→DMF31SDI	—
			5602	1	〃	3,845	2,835	56.1	6L16CX	600×2	2023.7	新潟トランシス	2023.7.27	〃			—
8	小坂精錬小坂鉄道	DD10	13	1	11,100	3,700	2,500	45.0	DMH17SB	300×2	1962.9	新三菱重工	1962.9	(新造)			1995.8.31
		DD130	131・132	2	13,600	3,850	2,865	55.0	DMF31SB	500×2	1967.11	汽車	1967.11	〃			2009.4.1
			133	1	〃	〃	〃	〃	〃	〃	1968.8	〃	1968.8	〃			〃
		DD13	13 556	1	14,400	3,849	2,840	〃	DMF31SBI	600×2	1968.9	日本車輌	1978.9.7	片上鉄道 DD13 556			〃

	会社名	形式	番号	両数	最大寸法(mm) 長さ	高さ	幅	自重(t)	機関 形式	出力(ps×個)	製造 年月	製造所	竣工年月日	前所有社・番号	改造 年月	内容	廃車年月日
9	秋田臨海鉄道	DD35	351	1	10,750	3,743	2,600	35.0	DMH17C	180×2	1971	日立	1971	(新造)			2007年度
		DD56	561	1	13,600	3,879	2,846	56.0	DMF31SB	500×2	1970	日本車輌	1970	〃			2016年度
			562	1	〃	〃	〃	〃	〃	〃	1971	〃	1971	〃			2021.4.1
		DE65	652	1	14,150	3,965	2,950	65.0	DML61ZA	1,250×1	1970	汽車	2003.2	新潟臨海 DE65 2			2017.3.17
		DE10	1543	1	〃	〃	〃	〃	DML61ZB	1,350×1	1971	日本車輌	2014.1.8	十勝鉄道 DE10 1543			2021.3
			1250	1	〃	〃	〃	〃	〃	〃	1976	〃	2012.11.30	十勝鉄道 DE15 1525			2021.3.1
			1251	1	〃	〃	〃	〃	〃	〃	1981	〃	2016.9.28	JR北海道 DE15 2526			2021.3.1
10	くりはら田園鉄道	DB10	101	1	5,150	2,620	2,499	9.8	DS50A	80×1	1965.6	協三工業	1965.6	(新造)			2005.3.30
11	仙台臨海鉄道	DD55	55 11	1	13,600	3,934	2,904	56.0	DMF31SB	500×2	1961	汽車	1983.3.8	国鉄 DD13 112			2003
			55 12	1	〃	〃	〃	〃	DMF31Z	550×2	1970	日本車輌	1983.10.18	鹿島臨海 KRD2			2011.2
		SD55	55 101	1	14,000	3,927	2,904	56.0	DMF31SDI	600×2	1995.2	新潟鐵工所	1995.2.28	(新造)			2011.6
			55 102	1	〃	3,883	〃	〃	〃	〃	1971	新潟鐵工所	1971.10	〃	1997.3.25	DD55 2→SD55 102	2011.6
			55 103	1	〃	〃	〃	〃	〃	〃	〃	〃	〃	〃	1998.10.1	DD55 1→SD55 103	—
			55 105	1	13,600	3,355	2,846	55.0	〃	〃	1967	汽車	2011.3.16	京葉臨海 KD55 105	2012	SD55 104→SD55 105	2021.3.31
		DD35	3501	1	11,080	3,753	2,550	35.0	DMH17SB	300×1	1970	川崎重工業	1996.4.8	三菱マテリアル岩手工場			2001.9.20
		DE65	651	1	14,150	3,965	2,950	65.0	DML61ZB	1,350×1	1976	川崎重工業	2021.10.6	JR東日本 DE15 1538			—
			652	1	〃	〃	〃	〃	〃	〃	1970	汽車	2017.3.17	秋田臨海 DE65 2			—
			653	1	〃	〃	〃	〃	〃	〃	1971	川崎重工業	2020.6.1	JR東日本 DE10 1536			—
			655	1	〃	〃	〃	〃	〃	〃	1976	日本車輌	2021.3.1	秋田臨海 DE10 1250			—
12	福島臨海鉄道	35DDH	DD1	1	11,350	3,630	2,500	35.0	DMH17C	180×2	1963.1	三菱	1963	(新造)			1994.3.1
		25BH	DD2	1	7,000	3,430	2,655	25.0	DMH17C	180×1	1965.8	〃	1965	〃			〃
		DB25	251	1	6,920	3,570	2,600	25.0	〃	200×1	1969	日立	1969	〃			1994
			253	1	7,350	3,648	2,752	25.0	DK10	194×1	1969.10	日本車輌	1994	日本カーバイト工業			2006年度
		DD35	351	1	11,850	3,607	2,735	35.0	DMH17S	280×2	1962.2	富士重工業	1962.5.18	(新造)			2003.12.31
			352	1	11,050	3,700	2,600	〃	DMH17SB	300×1	1962.5	日本車輌	1977	新日鉄八幡			〃
			353	1	〃	〃	〃	〃	〃	〃	〃	〃	〃	〃			2000.12.31
		DD50	501	1	14,050	3,877	2,668	50.0	DMF31S	400×2	1960.3	新潟鐵工所	1963.10.14	(新造)			1994.3.31
		DD55	551	1	13,600	3,820	2,900	55.0	DMF31SB	500×2	1966.4	富士重工業	1966	〃			2006.4.30
			552	1	13,850	〃	2,836	〃	〃	〃	1970.8	新潟鐵工所	1970	〃			2023.3.31
			553 →5531	1	14,000	〃	2,836	〃	DMF31Z	600×2	1973.5	〃	1973	〃	2012.9.25	DD553→DD5531 550PS×2→600PS×2	—
		DD56	561	1	14,050	3,820	2,900	56.0	DMF31SDI	600×2	1978.9	〃	1978	〃			—
			562	1	〃	3,845	2,835	56.1	6L16CX	600×2	2023.3	新潟トランシス	2023.3.31	〃			—
13	新潟臨海鉄道	DD35	351	1	11,600	3,730	2,677	35.0	DMH17C	180×2	1970	新潟鐵工所	1970	(新造)			1996.8.26
		DD55	551	1	13,600	3,767	2,846	55.0	DMF31S	370×2	1960	汽車	1981	国鉄 DD13 61			1989.9.5
			552	1	〃	〃	〃	〃	〃	〃	1959	日本車輌	〃	国鉄 DD13 71			〃
		DE65	651	1	14,150	3,964	2,950	65.0	DML61ZA	1,250×1	1970	日本車輌	1970	(新造)			2002.10.1
			652	1	〃	〃	〃	〃	〃	〃	〃	汽車	〃	〃			〃
			653	1	〃	〃	〃	〃	DML61ZB	1,350×1	1972	〃	1995.9.25	JR貨物 DE10 1104			〃

北日本編のおわりに

1993(平成５)年４月１日在籍のディーゼル機関車と蒸気機関車(関東・中部編のみ対象)の、その後の変遷を訪ねて北から順に眺めてみた。

自身が最初に出会ったローカル私鉄は、山陽本線の土山から分岐していた別府鉄道で、人づてに聞いて土山で下車すると、DB201がハフ７を従えて、側線で休んでいた。1970(昭和45)年５月のことで、この日から50年以上の歳月が流れた。貨物輸送のピークは過ぎていたが、山陽本線和気から分岐する同和鉱業片上鉄道は片上版DD13が牽引する混合列車と鉱石輸送列車が健在であったし、近江鉄道に足を延ばすと、電気機関車が牽引するセメント原石列車に出会うことができた。

このように鉄道の貨物輸送は特別な存在ではなく、神奈川県の日吉と東京の三田で過ごした大学時代に東武鉄道に乗車すると、貨物列車の通過待ち合わせに嫌というほど遭遇した。大学を卒業して京阪電気鉄道に入社すると、車掌勤務中は仕事のない日が平日で、吉野に向かうと近鉄の吉野線では古典電気機関車が現役で貨車を牽引していた。

本書では、1993年４月１日以降の現役ディーゼル機関車を対象としたので、京阪に入社してから10年目以降のディーゼル機関車と蒸気機関車が対象となる。国鉄の貨物大幅縮小は1984年２月１日であったので、ローカル私鉄における貨物輸送の多くは消滅し、貨物営業は消滅しても機関車は生きていた、そんな時代であった。それから30年の歳月が経過して路線そのものが消え去ったものも少なくなく、その変遷をまとめる機会となった。

寺田　裕一

福島臨海鉄道宮下駅は2015(平成27)年の小名浜駅移転に伴い廃止され、特殊自動閉塞式への変更により腕木式信号機も過去のものとなった。　2013.4.20　宮下　P：寺田裕一